BIBLIOTHÈQUE

DE LA

REVUE DE L'AÉRONAUTIQUE

LES

PILES LÉGÈRES

(PILES CHLOROCHROMIQUES)

DU

BALLON DIRIGEABLE « LA FRANCE »

PAR

LE COMMANDANT RENARD

AVEC 14 FIGURES DANS LE TEXTE ET 10 PLANCHES HORS TEXTE

La *Revue de l'Aéronautique* se compose d'une partie périodique trimestrielle
et d'une partie non périodique composée de Mémoires formant la
BIBLIOTHÈQUE DE LA REVUE DE L'AÉRONAUTIQUE
CES MÉMOIRES NE SE VENDENT PAS SÉPARÉMENT

PARIS

G. MASSON, ÉDITEUR

Boulevard Saint-Germain, 120

1890

BIBLIOTHÈQUE

DE LA

REVUE DE L'AÉRONAUTIQUE

PUBLIÉE SOUS LA DIRECTION

DE M. HENRI HERVÉ

LES

PILES LÉGÈRES

REVUE

DE

L'AÉRONAUTIQUE

THÉORIQUE ET APPLIQUÉE

PUBLICATION TRIMESTRIELLE ILLUSTRÉE

Directeur : HENRI HERVÉ

COMITÉ DE RÉDACTION :

MM. JANSSEN — Docteur MAREY — E. MASCART
Amiral MOUCHEZ, membres de l'Institut — Capitaine KREBS — Colonel LAUSSEDAT
Commandant RENARD — V. TATIN, ingénieur — Gaston TISSANDIER

ABONNEMENTS :

France : Un an, 8 fr. — Union postale : un an, 10 fr.

3ᵉ ANNÉE — 1890

LES

PILES LÉGÈRES

(PILES CHLOROCHROMIQUES)

DU

BALLON DIRIGEABLE « LA FRANCE »

PAR

LE COMMANDANT RENARD

AVEC 14 FIGURES DANS LE TEXTE ET 10 PLANCHES HORS TEXTE

La *Revue de l'Aéronautique* se compose d'une partie périodique trimestrielle
et d'une partie non périodique composée de Mémoires formant la
BIBLIOTHÈQUE DE LA REVUE DE L'AÉRONAUTIQUE
CES MÉMOIRES NE SE VENDENT PAS SÉPARÉMENT

PARIS

G. MASSON, ÉDITEUR

Boulevard Saint-Germain, 120

1890

Pithiviers, Imp. H. LAURENT.

INTRODUCTION

Dans les premiers numéros de cette *Revue*, nous avons sommairement décrit les dispositions générales du ballon dirigeable *La France* et comparé à divers points de vue cet aérostat avec ceux du même genre ayant donné lieu à des expériences antérieures.

Nous rappellerons ici pour mémoire que le ballon *La France* construit aux ateliers de Châlais pour le compte du ministère de la guerre est le premier jusqu'ici qui ait pu être véritablement dirigé et auquel on ait pu faire parcourir un trajet fermé sous la seule action de son hélice et de son gouvernail ; ce premier résultat n'a pu être obtenu qu'en introduisant dans la construction de l'appareil un certain nombre de dispositions nouvelles destinées à en assurer la stabilité longitudinale et la stabilité de route, mais il est dû surtout à l'emploi d'une puissance motrice relativement très grande par rapport à la maîtresse section du navire aérien.

A ce point de vue, le ballon *La France* est caractérisé par le chiffre 16 (nombre de chevaux par décamètre carré de section transversale) tandis que le ballon de M. Tissandier est caractérisé par le chiffre 2.

Il en résulte que le ballon *La France* possédait huit fois plus de puissance motrice par unité de surface résistante, ce qui, d'après la loi bien connue de la proportionnalité de la puissance motrice au cube de la vitesse, devait lui permettre de marcher à une allure deux fois plus rapide. Et c'est en effet ce que l'expérience a sensiblement confirmé.

Comment avait-on pu se procurer une puissance motrice si supérieure à ce qui avait été réalisé auparavant? En allégeant le moteur proprement dit et en réduisant son poids au faible chiffre de 12 kilog. par cheval, mais surtout en créant une pile spéciale incomparablement plus légère que tous les générateurs d'électricité connus à cette époque.

L'importance de l'allégement du générateur d'électricité est d'ailleurs bien autrement grande que celle de l'allégement du moteur.

Une simple comparaison entre les appareils moteurs du ballon de M. Tissandier et du ballon *La France* permettra de s'en rendre compte.

Le moteur de M. Tissandier pesait 30^k00 par cheval.

Celui de Châlais pesait 12^k00 environ.

Le moteur de 9 chevaux de Châlais pesait ainsi 110 kilog. environ.

Un moteur de 9 chevaux d'une construction analogue à celle du moteur Tissandier aurait pesé 270 kilog.

L'économie de poids réalisée par les améliorations apportées au moteur, s'est donc élevée à 170 kilog.

D'autre part, le poids par cheval de la pile Tissandier était de 170 kilog. environ.

Celui de la pile du ballon de Châlais n'était que de 44 kilog.

La pile de 9 chevaux de Châlais pesait ainsi environ 400 kilog.

Une pile du système Tissandier aurait pesé 1,530 kilog.

L'économie de poids réalisée par l'adoption de la nouvelle pile légère, s'est donc élevée à 1,130 kilog.

Ainsi, des deux grandes réformes accomplies dans la construction de l'appareil moteur, la première, l'allégement du moteur proprement dit, n'a produit qu'une économie de poids de 170 kilogrammes, tandis que l'allégement de la pile a procuré le bénéfice énorme *de 1,130 kilog.*

On peut donc dire, en somme, que le ballon *La France* doit à peu près exclusivement sa grande vitesse de marche à la légèreté de sa pile.

C'est cette pile légère qui caractérise l'aérostat de Châlais et qui lui a permis d'exécuter les voyages circulaires de 1884 et 1885.

En la décrivant aujourd'hui, nous pensons donc que nous répondrons au désir de la plupart de ceux de nos lecteurs qui s'intéressent à la navigation aérienne par les ballons.

Cette description ne présente d'ailleurs, aujourd'hui, aucun inconvénient au point de vue de notre sécurité nationale.

Dans l'esprit de l'auteur de cet article, le ballon électrique *La France* n'a jamais eu d'autre objet que de fournir une première démonstration de la possibilité de faire évoluer un ballon allongé dans l'océan aérien par des moyens analogues à ceux qui permettent aux navires marins d'évoluer sur l'océan liquide.

Dans l'état actuel de l'électricité industrielle, il est impossible d'espérer qu'un ballon électrique puisse constituer un véritable engin de guerre.

Le ballon *La France* a donc été avant tout un instrument scientifique.

A ce titre, il appartient au public qui s'intéresse au progrès de la science, et il ne peut y avoir aucun inconvénient à satisfaire aussi complètement que possible sa légitime curiosité.

Tel fut, d'ailleurs, l'avis du ministre de la guerre qui, dans le courant de l'année dernière, autorisa l'auteur de cet article à communiquer la description de la pile du ballon de Châlais à diverses sociétés savantes.

Nous tenions à fournir ici cette explication nécessaire afin de calmer les alarmes patriotiques de bon nombre de nos lecteurs.

LES PILES LÉGÈRES

DU BALLON « LA FRANCE »

CHAPITRE PREMIER

GÉNÉRALITÉS

Sur les piles chlorochromiques, système Renard.

DESCRIPTION SOMMAIRE.

Les piles chlorochromiques appartiennent à la famille des piles au bichromate de potasse, mais elles en diffèrent par les points suivants :

1° Le bichromate de potasse y est remplacé par l'acide chromique libre ;

2° L'acide sulfurique y est remplacé, en tout ou en partie, par l'acide chlorhydrique ;

Fig. 1.

3° Chaque élément se présente sous la forme d'un tube comprenant, de l'extérieur à l'intérieur (*fig. 1*) :

Un vase cylindrique en verre ou en ébonite A ;

Une électrode positive en argent platiné très mince $\left(\frac{1}{10}$ de millimètre$\right)$ présentant la forme d'un tube d'un diamètre assez faible par rapport à sa longueur B. Dans certains cas, l'électrode positive peut être formée d'un tube de charbon ;

Un crayon de zinc C de très faible diamètre $\left(\frac{1}{6}$ environ du diamètre du vase A$\right)$.

PROPRIÉTÉS.

Les modifications apportées à la composition chimique du liquide ont pour effet d'en augmenter la puissance dépolarisante dans une proportion considérable.

GRANDE ACTIVITÉ SPÉCIFIQUE.

Si l'acide sulfurique est entièrement remplacé par de l'acide chlorhydrique, *l'énergie disponible par seconde* est sensiblement *quintuple* de celle que l'on pourrait obtenir du même élément chargé avec le liquide ordinairement employé dans les piles au bichromate de potasse.

LIQUIDES ATTÉNUÉS.

Si l'acide sulfurique est remplacé en partie seulement par de l'acide chlorhydrique, on obtient des *liquides atténués* donnant une dépense d'énergie d'autant moindre que la proportion d'acide sulfurique dans le mélange est plus grande.

Tout ces liquides ont d'ailleurs la même capacité totale. On en conclut que la durée de la décharge varie en raison inverse de *l'activité spécifique* (nombre de watts par seconde). En forçant la proportion d'acide sulfurique on obtient donc, avec la même pile, une augmentation de durée et une diminution d'énergie proportionnelles, et l'on peut employer ainsi la même pile à des usages très variés.

PRÉPARATION DES LIQUIDES.

Les liquides peuvent être préparés, soit au moyen de l'acide chromique cristallisé, soit au moyen d'acide chromique impur que le commerce livre aujourd'hui à prix modéré.

Quel que soit le procédé employé, le liquide ne doit pas être préparé longtemps à l'avance. La présence de l'acide chlorhydrique le rend instable et il a une tendance à dégager du chlore même à la température ordinaire ; ce dégagement est, d'ailleurs, d'autant plus lent que le liquide est plus *atténué*. Dans le liquide *non atténué* employé pour obtenir le maximum d'énergie, l'instabilité est assez grande pour qu'il soit prudent de ne pas opérer le mélange plus de deux jours avant de s'en servir.

Dans les liquides atténués à 80 pour cent, qui servent le plus souvent à l'éclairage, la stabilité est beaucoup plus grande, et l'on peut charger la pile deux ou trois mois avant d'en faire usage. Malgré cette stabilité relative, on ne doit pas conserver en magasin le liquide dépolarisant tout préparé.

FORME ORDINAIRE DE L'APPROVISIONNEMENT DE LIQUIDE DÉPOLARISANT.

Pour fabriquer facilement tous les liquides dont on peut avoir besoin, il faut avoir un approvisionnement de trois liquides élémentaires :

> Liquide A (Chromique).
> Liquide BCl (Chlorhydrique).
> Liquide BS (Sulfurique).

Liquide A. — Pour un litre de A il faut :

> $0^K 530$ acide chromique.
> $0^l 770$ eau douce.

Liquide BCl. — C'est de l'acide chlorhydrique du commerce, additionné d'un peu d'eau, de façon à ramener son degré aréométrique à 18° Baumé.

Liquide BS. — C'est de l'acide sulfurique à 29° Baumé. On l'obtient en mélangeant $0^k 450$ acide sulfurique à 66° et $0^{lit} 800$ d'eau.

Les deux derniers liquides servent à fabriquer un liquide intermédiaire dit *sulfochlorhydrique,* qui doit être d'autant plus riche en acide chlorhydrique qu'on veut avoir un dégagement plus rapide.

Le liquide BCl seul, considéré comme la limite de ces mélanges, est désigné par la lettre B_0.

Le liquide BS seul, est désigné par la lettre B_{100}.

Le liquide B_{80}, par exemple, renferme 80 volumes de BS et 20 volumes de BCl.

L'indice 80 est appelé *degré d'atténuation.*

Une fois le degré déterminé, le liquide dépolarisant s'obtient en mélangeant, à *volumes égaux,* le liquide A et le liquide B.

La capacité de tous ces liquides ABn est la même et égale à 50 ou 60 watt-heure par litre. On peut compter absolument sur 50 watt-heure en déchargeant la pile au potentiel de $1^v,25$ par élément qui correspond au meilleur rendement comme on le verra plus loin.

On a vu que l'énergie disponible par seconde est d'autant plus grande que le liquide est moins atténué. — Le *Diagramme n° 4* et le *Tableau A* ci-contre font connaître l'influence du degré d'atténuation sur l'activité spécifique du liquide.

On voit que plus l'indice d'atténuation est élevé, plus le courant normal est faible, et plus la durée de la décharge est grande. A cet égard il existe une très grande différence entre le liquide à 80 % et le liquide non atténué.

On peut atténuer le liquide en y ajoutant autre chose que de l'acide sulfurique.

Divers sels neutres et notamment le sulfate de soude produisent très nettement l'atténuation. Le *Diagramme n° 5* et le *Tableau B* ci-contre montrent l'influence très marquée du sulfate de soude sur la décharge de la pile. Mais ici l'atténuation n'est obtenue qu'aux dépens de la capacité de la pile, dont l'énergie totale est notablement diminuée par la présence du sulfate de soude, tandis qu'elle ne l'est nullement par celle de l'acide sulfurique.

TABLEAU A.

RÉSULTATS NUMÉRIQUES

Nº du liquide.	COMPOSITION DES LIQUIDES		Courant maximum	Coulombs obtenus en s'arrêtant au moment où le courant est réduit à la moitié du maximum.	Energie correspondante en Joules	Energie par litre de liquide	Energie par kilog de liquide	Poids de liquide par cheval-heure
	Liquides	Poids spécifique						
1	AB_0	1.23	8.50	10 050	12 060	185 500	150 800	17k600
2	AB_{20}	1.24	7.40	10 630	12 760	196 200	158 200	16.700
3	AB_{40}	1.25	6.80	9 650	11 700	179 900	143 900	18.400
4	AB_{60}	1.26	5.20	10 460	12 550	193 000	153 200	17.300
5	AB_{80}	1.27	3.50	10 630	12 760	196 200	154 500	17.200
6	Eau 100, NAO CrO^3 16, acide sulfurique 37, Liquide Tissandier, zinc amalgamé....	1.25	2.00	7 880	9 460	145 500	116 000	22.840

C'est donc à l'acide sulfurique et dans les conditions indiquées plus haut qu'il faudra toujours recourir pour obtenir l'atténuation.

Pour bien établir la supériorité des liquides chlorochromiques ou sulfo-chlorochromiques sur les liquides généralement employés, on a réuni dans le

TABLEAU B.

RÉSULTATS NUMÉRIQUES

Nº du liquide.	COMPOSITION DES LIQUIDES			Courant maximum	Coulombs obtenus en s'arrêtant au moment où le courant est réduit à la moitié du maximum.	Energie correspondante en Joules	Energie par litre de liquide	Energie par kilog de liquide	Poids de liquide par cheval-heure
	CCN en cent.³	Sulfate de soude en gr.	Poids spécifique						
1	100	0	1.20	7.10	11 150	13 400	206 000	172 000	15k400
2	100	20	1.22	4.85	9 500	11 400	175 000	143 000	18.600
3	100	40	1.24	3.65	7 950	9 550	147 000	118 000	22.500
4	100	60	1.26	2.65	7 520	9 030	139 000	110 000	24.200
5	100	94	1.30	2.15	7 430	8 980	138 000	106 000	25.000

Diagramme nº 1 les courbes de décharge de 4 éléments identiques chargés des liquides suivants :

1° Liquide chlorochromique normal non atténué, désigné par le symbole CCN (courbe nº 1);

2° Liquide identique au précédent, mais dans lequel on a remplacé l'acide chromique isolé par le bichromate de soude (courbe n° 2) ;

3° Liquide obtenu en substituant à l'acide chromique pur, des liquides chromiques obtenus par le traitement du bichromate de soude (courbe n° 3) ;

4° Liquide ordinairement employé dans les piles au bichromate de potasse (courbe n° 4).

Les résultats numériques sont indiqués dans le *Tableau C* ci-contre.

La comparaison des courbes n° 2 et n° 4 montre l'influence énorme de la *suppression de la base alcaline* sur l'énergie du liquide.

TABLEAU C.

N° du liquide	Courant maximum	Coulombs obtenus en s'arrêtant au moment où le courant est réduit à la moitié du maximum	Energie correspondante en Joules	Energie par litre de liquide	Energie par kilog de liquide	Poids de liquide par cheval-heure	Poids spécifique du liquide
1	7,10	11 330	13 600	209 000	170 000	15k50	1,23
2	3,10	6 000	7 200	110 000	89 000	31,50	1,23
3	4,90	11 000	13 200	202 000	154 000	17,70	1,31

La substitution de l'acide chlorhydrique à l'acide sulfurique ne produit, comme on le voit, qu'une faible augmentation d'énergie quand on s'adresse aux *chromates* et non à l'acide chromique isolé comme corps oxydant (comparaison des courbes 2 et 4). Il y a cependant, comme l'avait déjà remarqué M. d'Arsonval, un avantage marqué en faveur de l'acide chlorhydrique, mais cet avantage est augmenté dans une énorme proportion dès qu'on renonce aux bichromates pour leur substituer l'acide chromique libre. Si l'on prend la question d'un autre côté, c'est-à-dire si l'on compare l'acide sulfurique à l'acide chlorhydrique en les mélangeant tous deux à de l'acide chromique libre, on trouve que la différence d'action des deux acides hydrogénés est énorme et tout à fait comparable à la différence trouvée entre les liquides n° 1 et n° 2.

Ainsi la supériorité des liquides chlorochromiques ou sulfochlorochromiques sur les liquides au bichromate usités jusqu'ici tient, comme nous l'avons dit au début, à deux causes :

1° Suppression de la base alcaline ;

2° Substitution de l'acide chlorhydrique à l'acide sulfurique.

Une de ces améliorations appliquée *isolément*, ne produit qu'un effet insignifiant, tandis que la réunion des deux a pour résultat de quintupler (1) l'ac-

(1) Il semblerait, d'après les courbes du *Diagramme n° 1*, que la substitution de notre liquide CCN au liquide de Byrne n'augmente le courant maximum que dans la proportion de 3 à 1 environ, mais ce résultat tient à ce que l'élément éprouvette employé aux expériences était de très faible diamètre et que le liquide non atténué était déjà en partie épuisé avant que le courant ait atteint un régime normal. Avec les éléments plus gros généralement en usage, le rapport de 5 à 1, que nous indiquons ici, se rapproche beaucoup de la vérité.

tivité spécifique (énergie par seconde) tout en augmentant de 50 % l'énergie totale ou capacité du liquide. Nous avons tenu à mettre ces faits bien en évidence, car ils constituent, indépendamment de la forme géométrique des éléments, le caractère essentiel des piles chlorochromiques qui font l'objet de ce mémoire.

LIQUIDE DONNANT LE MAXIMUM D'ÉNERGIE TOTALE.

Les proportions qui ont été indiquées plus haut pour les liquides dépolarisants qui conviennent le mieux à nos piles ont été déterminées à la suite d'expériences nombreuses dont le *Diagramme n° 2* donne le résumé.

Ce diagramme ne se rapporte qu'aux liquides non atténués.

Les mêmes essais ont été faits sur des liquides à différents degrés d'atténuation et ont conduit à des résultats identiques qui peuvent se traduire par cette loi simple : *Le rapport de l'acide chromique à l'acide hydrogéné (chlorhydrique ou sulfurique) doit être constant et égal à* $\frac{5}{6}$.

Voici, d'autre part, les indications numériques qui se rapportent au travail total disponible par litre et par kilogramme de liquide non atténué : (*Tableau D*).

TABLEAU D.

N° de l'expérience	JOULES RECUEILLIS			Composition des liquides
	dans l'expérience	par litre de liquide	par kilog de liquide	
1	44 900	200 000	170 000...	HCl à 11°, 200^{cm3}. CrO^3 40^{gr}.
2	48 200	215 000	176 000...	HCl à 11°, 200^{cm3}. CrO^3 60^{gr}.
3	52 200	233 000	185 000...	HCl à 11°, 200^{cm3}. CrO^3 80^{gr}.
4	56 900	253 000	197 000...	HCl à 11°, 200^{cm3}. CrO^3 100^{gr}.
5	56 000	250 000	184 000...	HCl à 11°, 200^{cm3}. CrO^3 150^{gr}.
6	46 100	205 000	144 000...	HCl à 11°, 200^{cm3}. CrO^3 200^{gr}.

On s'est arrêté au moment où l'énergie par seconde était descendue à 4 watts.

Remarque. — Tous ces liquides sont composés d'acide chlorhydrique à 11° Baumé et d'acide chromique cristallisé. Ils ne diffèrent entre eux que par le dosage en acide chromique par litre de liquide chlorhydrique.

En ce qui concerne ce liquide non atténué nous allons entrer dans quelques détails :

Degré de dilution de HCl. — Des expériences préalables ont montré que le degré de concentration compatible avec la stabilité chimique, correspondait à 11° Baumé. Un acide chlorhydrique plus concentré dégage du chlore *à froid* en présence de CrO^3.

Proportion de CrO^3. — Le liquide HCl étant ainsi défini, il restait à déterminer la meilleure proportion de CrO^3. C'est l'objet des recherches résumées dans le *Diagramme n° 2*. On y voit que le liquide le meilleur, *absolument parlant*, est le liquide n° 4, renfermant :

> Acide HCl à 11°   200 cm³.
> Acide CrO^3 100 grammes.

Ce liquide donne 253 000 Joules *par litre*. Il n'en faut donc pas plus de 11 litres par cheval-heure.

Mais il a l'inconvénient d'être un peu visqueux et d'empâter les zincs, ce qui, après une interruption un peu longue de la pile, produit une diminution notable, quoique momentanée, de son énergie. D'ailleurs le liquide n° 4 est très cher en raison de la très forte proportion de CrO^3 qu'il renferme. En pratique, le liquide le plus convenable est le n° 2, renfermant :

> Acide HCl à 11°   200 cm³.
> Acide CrO^3 60 cm³,

et désigné quelques fois par le symbole CCN (chlorochromique normal), mais, d'après la notation que nous avons indiquée, par le symbole AB_0. Les expériences ont été faites en déchargeant des éléments tubulaires de 30ᵐ/ₘ pour une même résistance de 0ᵒʰᵐ,13 environ.

Avant de quitter cet important sujet des liquides, nous croyons utile de présenter un exemple de la méthode employée pour déterminer le dosage dans un cas donné :

Supposons qu'il s'agisse de charger une pile de 5 litres de capacité avec du liquide atténué au degré 50, on déduira de ce que nous avons dit plus haut les données suivantes :

Volume du liquide A $\left(\frac{1}{2}\text{ du volume total}\right)$: 2ˡᵗ500.

Volume du liquide B   —   : 2ˡᵗ500.

Le degré d'atténuation étant 50, un litre de B devra contenir :

> 0,5   BS
> 0,5   BCl

et porter l'indice 50.

Le liquide dépolarisant est simplement désigné dans ce cas par le symbole AB_{50}.

<h1 style="text-align:center">CHAPITRE II</h1>

<h2 style="text-align:center">DESCRIPTION</h2>

des organes communs à toutes les piles chlorochromiques

DES VASES ET DE LEUR MODE DE CHARGEMENT.

Nous venons de voir en quoi consiste le liquide dépolarisant, nous allons nous occuper maintenant des vases destinés à le contenir pendant le fonctionnement de la pile.

Les vases des piles chlorochromiques se présentent toujours sous la forme d'un cylindre très allongé par rapport à son diamètre. Ces vases peuvent être en ébonite, en verre ou en porcelaine.

Une pile se compose toujours d'un nombre plus ou moins considérable de ces vases cylindriques entre lesquels on doit laisser un certain intervalle afin de favoriser le refroidissement du liquide intérieur. La pile présente ainsi l'aspect d'un faisceau de tubes analogue à un jeu d'orgue ou à la surface de chauffe d'une chaudière tubulaire. De là le nom de *pile tubulaire* sous lequel on la désigne souvent.

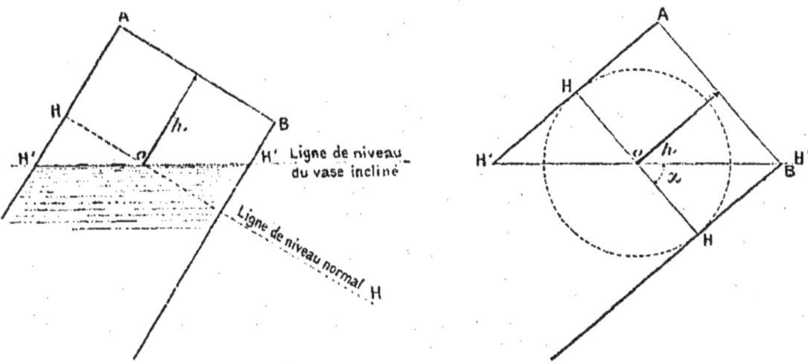

Fig. 2.   Fig. 3.

La forme tubulaire favorise le refroidissement des éléments, refroidissement dont il est absolument nécessaire de se préoccuper pour les piles chlorochromiques dans lesquelles l'activité spécifique est beaucoup plus grande que dans les piles au bichromate de potasse.

Elle a en outre l'avantage de rendre très difficile le renversement du liquide.

Si, en effet, on incline un vase cylindrique rempli dans sa position verticale jusqu'à la ligne HH (*fig.* 2), coupant l'axe du tube au point O, il est facile de voir que dans le vase incliné la ligne de niveau H'H' coupe l'axe du vase au même point O.

Le déversement ne commencera que quand H'H' passera par le bord B du vase (*fig. 3*). A ce moment si l'on appelle h la distance du point O au plan supérieur du vase AB, D le diamètre du vase et α l'inclinaison, on aura évidemment :

$$\text{tang. } \alpha = \frac{h}{\left(\frac{D}{2}\right)} = \frac{2h}{D}$$

$\frac{h}{D}$ est le rapport du *vide* au diamètre.

Le tableau suivant donne les valeurs de α correspondant à diverses valeurs de $\frac{h}{D}$:

$\frac{h}{D}$	Tang. α	α
0,5	1,0	45"
1,0	2,0	63º,27'
1,5	3,0	71º,26'
2,0	4,0	75º,58'
2,5	5,0	78º,42'

Dans certains cas, les vases élémentaires (Pile PA, *fig. 4*) sont scellés au couvercle d'un grand vase étanche (Pile PA, *fig. 5*.), la partie inférieure est percée d'un trou auquel s'adapte un tube d'un faible diamètre.

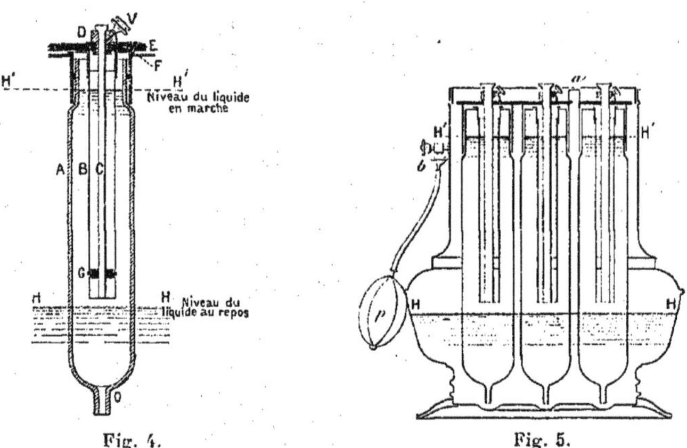

Fig. 4.   Fig. 5.

Le liquide est versé à l'avance dans le grand vase qui reçoit le nom de *collecteur*.

En insufflant de l'air dans le collecteur au moyen d'une poire en caoutchouc ou d'une pompe, on fait monter le liquide dans tous les éléments à la fois. Un robinet sert à en régler la hauteur et, par suite, à modifier l'intensité du courant.

Cette disposition très commode de la pile tubulaire est notamment en usage dans les appareils destinés à l'éclairage domestique. Les piles ainsi agencées sont appelées piles tubulaires pneumatiques, ou plus simplement *piles pneumatiques*.

La disposition pneumatique convient seulement dans le cas où l'on emploie les liquides atténués. Pour les liquides non atténués, le refroidissement ne s'y produirait pas assez vite, et on doit le plus souvent revenir à la disposition tubulaire à tubes séparés.

ÉLECTRODES POSITIVES.

Les électrodes positives sont formées, suivant les cas, d'un tube en argent platiné ou d'un *tube de charbon*. L'épaisseur de ce tube est très faible $\left(\frac{1}{10}\right.$ de millimètre,$\left.\right)$ dans les piles ordinaires. Son diamètre peut varier entre certaines limites sans que cette variation ait une influence quelconque sur les propriétés de la pile. En général, il convient de se maintenir entre les $\frac{4}{10}$ et les $\frac{6}{10}$ du diamètre intérieur du vase.

Le platinage de l'argent n'est pas obtenu par voie galvanique, mais par laminage. On arrive ainsi à recouvrir d'une couche de platine très compacte l'argent servant de conducteur, bien que cette couche ait une épaisseur extrêmement faible. Les lames d'argent platiné employées généralement ont $\frac{1}{10}$ de millimètre d'épaisseur, et le poids du platine réparti sur les deux faces n'est que le $\frac{1}{10}$ du poids de l'argent. On en déduit facilement que l'épaisseur de la couche de platine est voisine de $\frac{1}{400}$ de millimètre.

Si la couche de platine est bien continue, le liquide chlorochromique, atténué ou non, n'a aucune action sur elle. Si, au contraire, le platine manque dans certaines parties, l'argent disparaît peu à peu et l'électrode est détruite, ce phénomène est d'ailleurs assez lent.

L'épaisseur d'argent dissoute par jour à la température ordinaire dans le liquide destiné à nos piles est, d'après une expérience qui a duré 19 jours, de 27 dix-millièmes de millimètres.

L'action du liquide doit d'ailleurs être plus rapide à chaud. On voit qu'il est important d'avoir une couche irréprochable de platine.

POURQUOI L'ON A ADOPTÉ L'ARGENT PLATINÉ ET NON LE CHARBON.

Jusqu'ici les électrodes des piles de la famille chromique étaient en charbon, nous avons dû abandonner dans certains cas cette matière économique pour les raisons suivantes :

La résistance du charbon est très grande, or, cet inconvénient qui est faible pour des piles de faible hauteur et de faible débit, devient très important dans le cas contraire qui est le nôtre.

Nous prendrons comme exemple une pile connue A qui a servi à l'exécution des signaux de nuit.

La longueur d'une électrode de cette pile est égale à $0^m,332$. Sur cette longueur $0^m,225$ plongent dans le liquide.

L'électricité a donc à parcourir du bas de l'électrode jusqu'à la plaque de cuivre sur laquelle celle-ci est soudée 0^m332, et, du point où cette électrode émerge du liquide jusqu'à la même plaque de cuivre $0,332 - 0,225 = 0^m,077$; soit en moyenne :

$$\frac{0.332 + 0,077}{2} = 0,2045$$

ou $0^m,205$, ou 20,5 centimètres.

Supposons que cette électrode soit un tube de charbon très épais de 20 millimètres de diamètre intérieur sur 30 millimètres de diamètre extérieur et dont la section soit par conséquent en centimètres : 3,92.

La résistance de ce conducteur serait égale à $\frac{18.5}{3,92}\, r$, en désignant par r la résistance spécifique du charbon par centimètre carré et par centimètre de longueur.

Or cette résistance spécifique est égale à $0^{ohm},005$ environ dans les tubes de charbon du commerce (*Carré*).

La résistance de notre électrode serait donc :

$$\frac{20,5 \times 0,005}{3,92} = 0,026 \text{ environ}.$$

Mais le courant normal de notre pile peut s'élever, dans le cas où l'on emploie le liquide non atténué, à 12 ampères. Donc la perte de potentiel résultant de l'emploi de notre électrode de charbon serait de :

$$12 \times 0,026 = 0^v,31,$$

ce qui correspond à une diminution d'effet utile de 25 %, environ, tout à fait inadmissible.

En outre, le poids et le volume de la pile seraient notablement augmentés.

Tous ces inconvénients disparaissent avec l'argent platiné. Le platine pur conviendrait parfaitement si son prix excessif ne rendait son emploi impossible.

En prenant comme métal conducteur l'argent dont la résistance est si faible (et dont l'attaque dans le liquide chlorochromique est d'ailleurs très lente) et en le recouvrant d'une mince couche de platine absolument inattaquable, on obtient une électrode parfaite et relativement économique.

Il est facile de voir que la résistance de nos électrodes est tout à fait négligeable. Dans la pile citée plus haut, le tube a $50^m/_m$ de circonférence soit $5^m/_m{}^2$ de section.

Un fil d'argent de $5^m/_m{}^2$ de section présente une résistance de $0^{ohm},005$ par mètre.

Notre électrode, dont la longueur moyenne est de $0^m,205$, a donc une résis-

tance de 0^{ohm},001025, et la perte de potentiel par élément quand le courant de décharge est de 12 ampères, n'est que de 0^{volt},0123, quantité absolument négligeable.

De plus, le volume occupé par l'électrode d'argent est si faible qu'on n'a pas à en tenir compte dans le calcul des dimensions des vases.

Les électrodes d'argent ont un inconvénient : elles sont sont très coûteuses.

Aussi doit-on les remplacer, quand on le peut, par des tubes de charbon. Or, cette substitution n'a pas d'inconvénient sérieux quand, au lieu de demander à la pile une activité maxima, on lui demande une activité moyenne et plus de durée.

C'est dans ce cas que l'on recourt aux liquides atténués.

L'expérience a montré que le charbon peut être substitué sans inconvénient à l'argent platiné dans les liquides atténués pourvu que le degré d'atténuation soit au moins égal à 60 et que la longueur de l'électrode ne dépasse pas 25 centimètres (1).

DISPOSITION ADOPTÉE POUR ASSURER LA LIBRE CIRCULATION DU LIQUIDE.

Si le tube d'argent platiné était entièrement fermé latéralement, la capacité du vase serait divisée en deux parties n'ayant à peu près aucune communication entre elles.

L'expérience montre que dans ce cas, la pile s'épuiserait rapidement, le liquide extérieur au tube d'argent ne pouvant efficacement participer à la réaction électro-chimique.

Pour éviter cet inconvénient, il suffit de fendre le tube latéralement sur toute sa hauteur. Cette fente dont la largeur n'a pas besoin d'être supérieure à quelques millimètres, peut d'ailleurs sans inconvénient être interrompue de distance en distance par un assemblage qui assure la solidité du tube.

GUIDAGE DU ZINC.

Pour guider le zinc et l'empêcher de venir toucher l'électrode positive, on *sertit* le tube d'argent sur une ou plusieurs rondelles d'ébonite. Ces rondelles sont percées d'un trou *un peu plus grand* que le diamètre du zinc; ce trou est évasé vers le haut afin de faciliter le placement du zinc.

PIÈCES POLAIRES POSITIVES.

. Enfin le courant s'échappe de l'électrode positive par une plaque de cuivre sur laquelle l'électrode est soudée. Cette pièce polaire est reliée au zinc de l'élément suivant par un moyen quelconque.

(1) Une électrode d'argent platiné de $25^m/_m$ de diamètre sur 22 centimètres de hauteur, coûte environ 5 francs.
Une électrode de charbon de même dimension ne coûte que 1 fr. 50 environ.

DES ZINCS.

Le zinc est employé dans les piles chlorochromiques sous la forme de crayons minces en métal étiré. Ce métal se vend dans le commerce sous le nom de « fil de zinc ». Le diamètre de ce fil est déterminé pratiquement de manière à ce que chaque crayon ne serve qu'*une seule fois*. On est sûr en effet par ce procédé, d'obtenir à chaque opération des effets absolument identiques. En outre, la pile est allégée.

Enfin au point de vue de l'*effet utile*, la théorie et l'expérience montrent que l'on a avantage à diminuer la surface du zinc par rapport à celle de l'électrode positive. On augmente, en effet, de cette manière, la *densité du courant* à la surface du zinc et par suite la consommation utile de zinc par seconde et par *unité de surface*.

Dès lors la *consommation parasite*, c'est-à-dire celle qui se produit, lors même que le courant est interrompu et qui continue à se produire pendant le passage du courant sans engendrer d'électricité, cette *consommation parasite* ou *usure chimique* voit son importance relative diminuer, car elle ne dépend que de la surface d'attaque du zinc.

Il importe donc pour obtenir un bon rendement de diminuer autant que possible cette surface, ce qui peut se faire sans diminuer proportionnellement le courant électrique, en employant des zincs de très petit diamètre.

C'est ainsi qu'on est conduit à choisir un diamètre juste suffisant pour une seule opération.

L'expérience montre que pendant la décharge d'une pile chlorochromique, 1 litre de liquide dissout 85 grammes de zinc.

Comme la densité du zinc est sensiblement égale à 7,2 ce poids correspond à $11^{c}/_{m^3}8$ de métal, soit en nombre rond, à 12 centimètres cubes.

Si l'on se bornait à mettre la quantité de zinc juste nécessaire à la réaction, le rapport des diamètres du zinc et du vase de la pile serait donc égal à :

$$\sqrt{\frac{12}{1000}} = 0,11$$

En réalité il est impossible de procéder ainsi :

1° Parce qu'à la fin de la marche la surface du zinc serait trop réduite, ce qui diminuerait l'intensité du courant.

2° Parce que le zinc ne s'use pas régulièrement. C'est à la partie supérieure, c'est-à-dire au point où émerge le crayon de zinc que l'usure est la plus rapide ; en bas elle est beaucoup moindre. Le zinc a donc une tendance à se se couper au point d'émergence et il faudrait logiquement employer des zincs coniques plus gros en haut qu'en bas.

La figure 6 représente à l'échelle de $\frac{1}{2}$ la forme d'un zinc de la pile A après 2 h. 1/2 de marche. On voit qu'au point d'émergence la section est réduite à un fil.

Il y a donc une notable partie du zinc inutilisée. En pratique, on est conduit à donner au zinc une section double de la section théorique et à prendre pour le diamètre les 16 centièmes de celui du vase.

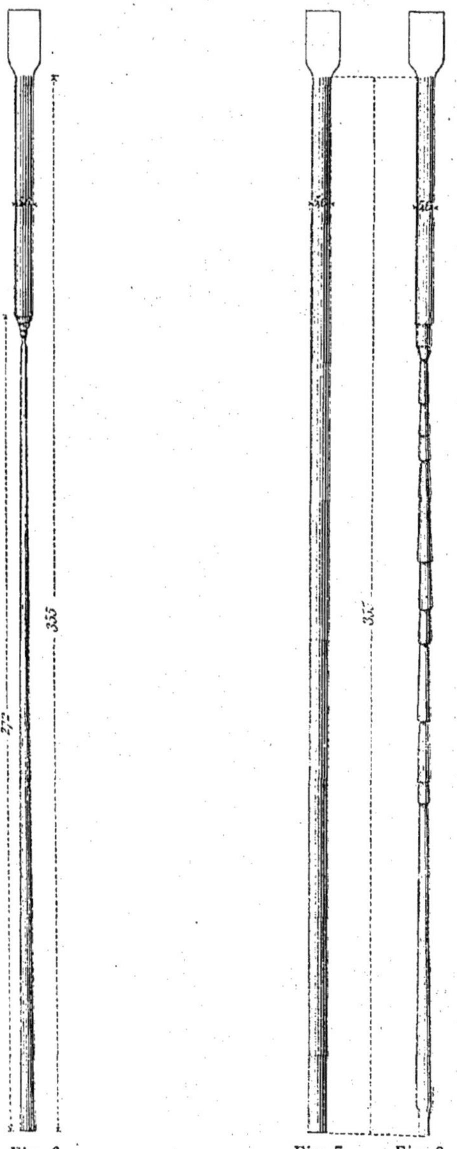

Fig. 6.   Fig. 7.   Fig. 8.

Pour la pile A, dont le vase a 35 $^m/_m$, le diamètre du zinc est égal à 5$^m/_m$,6 = 35 × 0,16.

La figure 7 représente un zinc de la pile A avant l'attaque.

La figure 8 montre le même zinc après une marche de 3 h. 10 à *courant constant*; la constance absolue du courant ayant été obtenue en faisant varier de temps en temps le degré d'immersion ou *plongement* du zinc.

On voit que dans ce cas, l'usure est plus régulière du haut en bas du crayon ; cela tient à ce que le point d'émergence varie à chaque instant au lieu de rester immobile comme dans le cas de la figure 6. On aperçoit distinctement sur la figure les traces des plans d'émergence qui ont déterminé à la surface du zinc des lignes d'érosion circulaire parfaitement visibles.

MODE DE FIXATION DU ZINC.

En dehors du remplissage des éléments, le montage de la pile ne comporte d'autre opération que le placement des zincs au centre de chaque électrode d'argent, et leur mise en communication avec les pièces polaires négatives.

Toutes les communications des pièces polaires entre elles sont en effet assurées d'une façon permanente par la construction même de la pile dont tous les *couples* (1) sont fixés à une même plaque d'ébonite dite *plaque de jonction*, et réunis électriquement au moyen de pièces de jonction *non démontables* fixées à cette plaque.

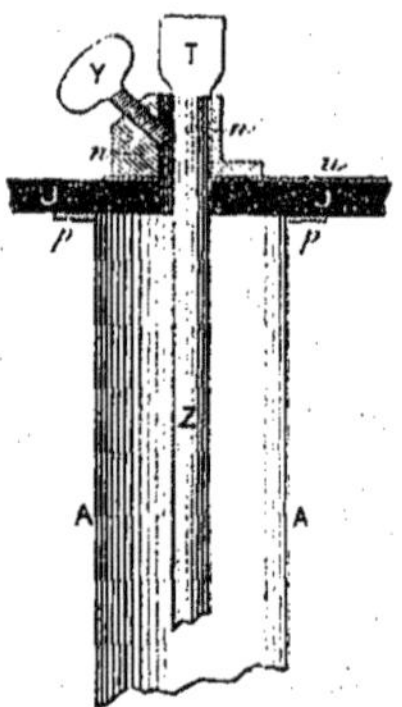

Fig. 9. — COUPE D'UN COUPLE DE LA PILE *A* (PARTIE SUPÉRIEURE).

LÉGENDE

n, pièce polaire négative. — *Y*, vis de pression inclinée. — *T*, tête du zinc aplatie. — *ZZ*, zinc. — *JJ*, plaque de jonction. — *pp*, pièce polaire positive. — *u*, pièce de jonction allant à l'élément précédent.

La pièce polaire négative *n* consiste simplement en une sorte de borne de laiton percée d'un trou vertical (*fig. 9*) un peu plus grand que le diamètre

____

(1) Nous désignerons, pour abréger, sous le nom de couple, l'ensemble formé par une électrode positive, son zinc et les deux *pièces polaires* correspondantes.

du zinc. Cette borne porte, sur le côté, un bossage incliné à 45° dans lequel s'enfonce une vis de pression Y inclinée de la même manière et qui vient presser fortement le zinc contre la surface intérieure du trou vertical.

Pour faciliter le placement du zinc et éviter qu'il tombe au fond du vase en passant tout entier à travers le trou de la borne, on le munit d'une tête qui présente tantôt la forme d'une tête de clou, tantôt celle d'une palette T (*fig. 9*) obtenue en aplatissant légèrement l'extrémité supérieure du crayon.

SUPPRESSION DE L'AMALGAMATION.

Un des caractères particuliers de la pile que nous décrivons, consiste dans l'emploi du zinc ordinaire *non amalgamé* au lieu du zinc amalgamé généralement en usage dans les piles au bichromate.

L'expérience fait voir, en effet, que l'attaque du zinc non amalgamé par les liquides de nos piles, n'est pas plus rapide que celle du *zinc amalgamé*.

Quand, dans une dissolution d'acide chlorhydrique (*Diagramme n° 6*) on ajoute des quantités croissantes d'acide chromique, l'attaque du *zinc nu* augmente rapidement d'intensité tandis que celle du zinc amalgamé n'augmente que très lentement, mais après avoir passé par *un maximum* très marqué ; l'attaque du zinc nu diminue très vite et devient bientôt égale à celle du zinc amalgamé.

Cette égalité se produit au moment où le rapport de l'acide chromique à l'acide chlorhydrique en équivalents devient égale à $\frac{7}{10}$. Au delà de cette teneur en acide chromique, l'égalité des deux attaques se maintient rigoureusement. Or, il est à remarquer qu'au dessous de cette teneur, l'attaque du *zinc nu* se fait avec effervescence et dégagement abondant d'hydrogène, tandis qu'au delà elle se fait silencieusement sans dégagement de gaz.

Il semble donc que le mercure ne s'oppose qu'au dégagement gazeux et qu'il soit sans influence sur les réactions dans lesquelles le zinc se dissout purement et simplement.

Ces conclusions sont confirmées dans toutes les expériences relatives à la dissolution du zinc dans divers liquides susceptibles de le dissoudre avec ou sans dégagement d'hydrogène.

Si, par exemple, on plonge une lame de *zinc nu* dans une dissolution de brôme dans le bromure de potassium, l'attaque se fait sans effervescence et elle est assez rapide. Vient-on à substituer une lame de zinc amalgamé à la lame de zinc nu, l'attaque loin d'être enrayée est au contraire exagérée au point de devenir dangereuse et de déterminer de véritables explosions avec projection de liquide.

Les mêmes phénomènes se reproduisent avec moins d'intensité, mais tout aussi nets, quand on substitue au liquide bromé une dissolution d'iode dans un iodure alcalin.

Quoiqu'il en soit, nos liquides renfermant tous une proportion d'acide chromique supérieure à celle qui supprime le dégagement d'hydrogène, l'amalgamation devient inutile et tous les zincs des piles chlorochromiques sont des zincs nus. Cette circonstance est évidemment fort avantageuse.

D'une part, l'amalgamation entraîne une dépense assez importante, d'autre part elle rend le zinc cassant, ce qui en particulier, présente de grands inconvénients dans les petits éléments où les crayons de zinc n'ont que quelques millimètres de diamètre et deviennent fragiles comme du verre quand on les amalgame.

Enfin, la suppression de l'amalgamation permet d'employer le plomb comme vase collecteur dans les piles pneumatiques, ce qui est très commode. Cet emploi du plomb serait impossible si les zincs étaient amalgamés, car les gouttes de mercure, en tombant accidentellement dans le fond du vase, ne tarderaient pas à percer l'enveloppe de plomb et à la mettre hors de service.

Le *Diagramme* n° 7 montre que les phénomènes que nous avons observés pour l'acide chlorhydrique plus ou moins chargé d'acide chromique, se reproduisent pour l'acide sulfurique.

Le *Diagramme* n° 8 montre la loi de la décharge de deux éléments identiques chargés avec le même liquide, et dont l'un était monté avec zinc nu et l'autre avec zinc amalgamé.

On voit que les courbes de décharge sont pratiquement identiques.

CHAPITRE III

PROPRIÉTÉS ÉLECTRIQUES DES PILES CHLOROCHROMIQUES

CARACTÉRISTIQUE D'UN ÉLÉMENT DE PILE CHLOROCHROMIQUE.

Nous venons de décrire les organes généraux des piles tubulaires chloro-chromiques, nous avons dit aussi quelques mots de leur propriétés électriques. Nous allons préciser davantage.

On croit généralement qu'un élément de pile peut être complètement caractérisé par deux nombres : 1° Sa force électromotrice, c'est-à-dire la différence de potentiel de ses deux bornes en *circuit ouvert* ; 2° sa résistance intérieure.

Ces deux données peuvent peut-être suffire dans le cas des piles parfaites du genre Daniell, mais il n'en est pas de même dans la plupart des autres piles et notamment dans celles de la famille chromique.

En réalité, ces piles, comme l'ont montré les travaux de Gaudin, se comportent comme si leur résistance intérieure restant sensiblement constante, leur force électromotrice était une fonction de l'intensité du courant, ou si l'on veut, du rapport entre la résistance extérieure et la résistance intérieure.

La forme de cette fonction est d'ailleurs telle, que toute *augmentation* de l'intensité du courant entraîne une diminution plus ou moins grande de la *force électromotrice*. — Cette forme est variable avec chaque type et elle n'a pas encore été assez étudiée pour qu'il soit prudent de la traduire dès à présent par une formule mathématique. Considérons d'abord un élément de pile parfaite, c'est-à-dire ayant une résistance intérieure R et une force électromotrice E, toutes deux constantes.

Si i est l'intensité du courant, le potentiel absorbé par la pile elle-même, considérée comme conducteur, est Ri ; par conséquent, la différence de potentiel e aux deux bornes de l'élément pendant la décharge, sera donnée par la relation :

$$c = E - Ri$$

Si donc on représente les intensités par des abscisses et les valeurs de c par des ordonnées, la ligne représentative des forces électromotrices *apparentes*, e sera une droite, AB ayant pour ordonnée à l'origine E, et pour coefficient angulaire — R (*fig. 10*).

Cette ligne AB rencontre l'axe des ampères en un point B et on a :

$$OB = \frac{E}{R}$$

C'est la valeur du courant I de la pile fermée en court circuit.

Si nous considérons un point M de cette ligne, l'ordonnée MD représentera la force électromotrice apparente e, correspondant au courant de décharge mesuré par l'abscisse MC.

Joignons le point O au point M, la ligne OM a pour coefficient angulaire $\dfrac{MD}{MC}$ ou $\dfrac{e}{i}$ c'est-à-dire la résistance extérieure r.

Enfin le rectangle OCMD a pour surface $i\,e$, c'est-à-dire l'énergie en watts développée par l'élément en une seconde.

On voit que la connaissance de cette ligne AB permet de déterminer toutes les propriétés de l'élément considéré. On pourrait l'appeler la *caractéristique* de l'élément, par analogie avec la ligne désignée sous ce nom par M. Marcel Deprez et qui joue un si grand rôle dans la théorie des machines dynamo-électriques.

Nous disons donc qu'un élément parfait est caractérisé par la forme rectiligne de sa *caractéristique*.

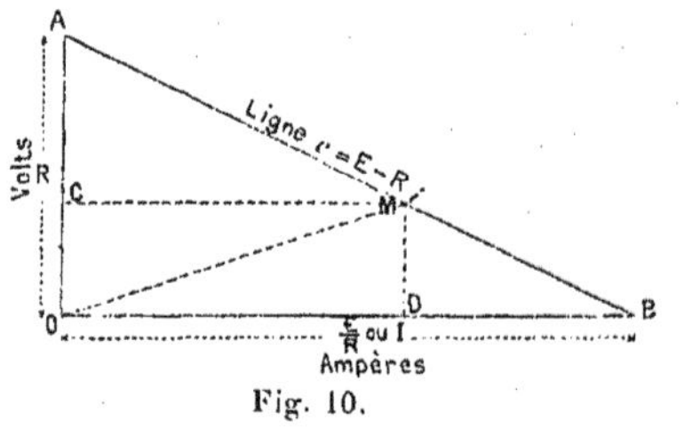

Fig. 10.

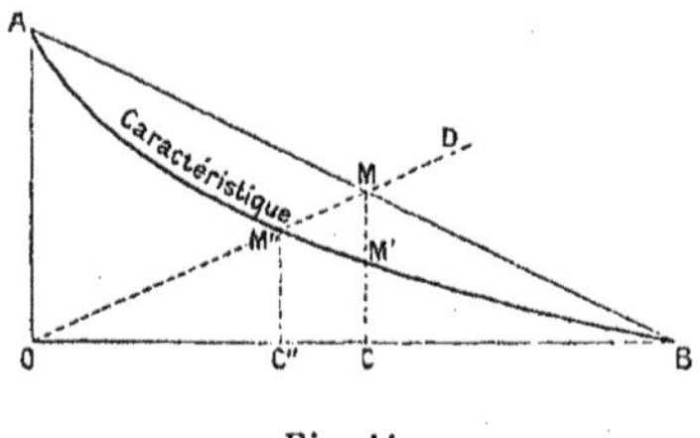

Fig. 11.

Or, cette forme rectiligne ne subsiste plus du tout dans les piles imparfaites. Dans les piles au bichromate de potasse notamment, la caractéristique $e = f(i)$ est franchement curviligne et affecte un tracé analogue à celui de la figure 11.

Si, comme on le fait fréquemment, on détermine les constantes de la pile en mesurant :

1° La différence de potentiel en circuit ouvert E ;

2° Le courant en court circuit I.

On trouvera pour E la valeur OA, et pour I la valeur OB ; d'où on conclurait que :

$$R = \frac{OA}{OB} = \text{pente de la droite AB.}$$

Si, en partant de ces données, on voulait déterminer la valeur de e correspondant à un courant donné $i = OC$, on trouverait $e = CM$, tandis qu'en réalité $e = M'C < CM$. De même, si on voulait déterminer i et e pour une résistance extérieure r représentée par la pente de la ligne OD, on trouverait $i = OC$, et $e = MC$ tandis qu'en réalité la pile donnerait les valeurs plus faibles $i = OC''$, et $e = M''C''$.

On voit que pour ces piles la connaissance du potentiel en circuit ouvert et du courant en court circuit, ne suffisent pas à faire connaître leurs propriétés.

DÉTERMINATION DE LA CARACTÉRISTIQUE.

Ce que nous venons de dire montre que pour bien connaître une pile imparfaite, il faut déterminer sa caractéristique.

Cette détermination est très facile pour les piles chlorochromiques non atténuées. Dans ces piles, en effet, la *polarisation* est si faible que le courant prend *immédiatement* une valeur en rapport avec celle de la résistance *extérieure*. Il suffit donc de faire varier cette résistance et de noter pour chaque essai les valeurs de e et de i pour avoir autant de points de la courbe.

Le *Diagramme n° 9* représente la caractéristique d'un élément chlorochromique chargé d'un liquide non atténué (celui de la pile A déjà citée).

On voit que la caractéristique n'est incurvée qu'à l'origine et qu'elle reste rectiligne depuis $i = 4$ jusqu'au courant I en court circuit qui atteint la valeur considérable de 35,7 ampères.

Le potentiel en circuit ouvert OA $= 1^{v}93$, mais en réalité tout se passe dans la région KB comme dans une *pile parfaite* qui aurait pour constantes :
$$E = OA_1 = 1,67 \text{ et } R = \frac{OA_1}{OB} = \frac{1.67}{35,7} = 0,047.$$

La région curviligne AK n'est d'ailleurs pas intéressante au point de vue pratique. On opère toujours dans la région K l comprise entre $e = 1,5$ et $e = 1,0$; nous allons expliquer pourquoi un peu plus loin.

Le *Diagramme n° 10* représente la caractéristique d'un élément de la pile A avec liquide non atténué à 80 %, et à la température de $+ 25°$ centigrades.

On voit que la forme de la caractéristique est profondément modifiée par l'atténuation du liquide. Il n'y a plus de région rectiligne.

Dans la région pratique KL comprise entre $e = 1,5$ et $e = 1,0$, la caractéristique possède une assez forte courbure. Si l'on mène la corde KL, celle-ci rencontre l'axe des volts en A_1, et on a $OA_1 = 2,31$ quand à la pente de KL, elle est égale à 0,17.

On voit donc qu'en remplaçant l'arc KL par sa corde, tout se passe dans cette région comme si on avait affaire à une *pile parfaite* ayant pour constantes $E_1 = 2,31$ et $R_1 = 0,17$. Si l'on considérait une autre région que KL, on trouverait d'autres constantes.

En un mot, il est impossible d'assimiler une pile atténuée à une pile parfaite caractérisée par une force électromotrice et une résistance.

ALTÉRATION DE LA CARACTÉRISTIQUE PENDANT LA DÉCHARGE.

Comme renseignement pratique, la caractéristique a évidemment une grande valeur; il ne faudrait cependant pas lui accorder une trop grande importance, car sa forme est altérée à chaque instant de la décharge :

1° Par la variation de la température du liquide;

2° Par l'altération chimique du liquide;

3° Par la diminution de diamètre du zinc.

La première cause améliore la caractéristique, car le liquide s'échauffe et devient plus conducteur. Les deux dernières nuisent à la caractéristique et abaissent ses ordonnées.

Il résulte de cette double action une sorte de compensation qui a pour effet de prolonger la période active de la pile en lui donnant plus de constance qu'on ne pourrait s'y attendre *à priori*.

POTENTIEL DE DÉCHARGE CORRESPONDANT AU MAXIMUM DE RENDEMENT.

Le liquide de la pile a, sur le zinc, une action chimique indépendante de l'action électrique. La pile s'use donc en circuit ouvert, et pour lui conserver son activité il faut faire cesser l'immersion des éléments chaque fois qu'on n'a pas à s'en servir. Dans les piles à plongement cette opération s'exécute en général au moyen d'un treuil (Pile du ballon dirigeable); dans les piles pneumatiques il suffit d'ouvrir le robinet d'évacuation de l'air.

USURE CHIMIQUE, USURE ÉLECTRIQUE.

Le zinc et le liquide s'usent donc de deux manières et nous distinguerons :

1° *l'usure chimique* : u, qui est proportionnelle au temps et à la surface du zinc ;

2° *l'usure électrique* : U, qui est proportionnelle au nombre de coulombs obtenus dans le circuit.

Le *rendement chimique*, est le rapport de l'usure électrique à l'usure totale $\dfrac{U}{U+u}$.

Le *rendement électrique*, est le rapport entre le potentiel de décharge e, et le potentiel en circuit ouvert E.

Comme l'*usure chimique* par seconde d'un zinc de surface donnée est une quantité constante (pour un liquide donné), tandis que l'*usure électrique*, ou utile, par seconde est proportionnelle à l'intensité du courant, on voit que le *rendement chimique* sera d'autant plus grand que le courant sera plus fort, c'est-à-dire que le potentiel de décharge sera plus faible.

Ainsi, le *rendement chimique augmente quand la résistance extérieure et, par suite, le potentiel de décharge e diminuent.*

Le *rendement électrique* $\dfrac{e}{E}$ au contraire, augmente proportionnellement au potentiel de décharge ; *il augmente donc quand la résistance extérieure et le potentiel de décharge augmentent.*

Le *rendement total* est le produit de ces deux rendements qui varient en sens inverse.

On conçoit donc qu'il existe un potentiel de décharge qui donne au rendement total sa valeur maxima.

POTENTIEL NORMAL DE DÉCHARGE : $e = 1,25$.

De nombreuses expériences ont montré que ce maximum de rendement a lieu pour : $e = 1,20$ à $1,25$, quel que soit d'ailleurs le liquide employé et la température de celui-ci.

C'est donc à ce potentiel qu'il convient de décharger toutes les piles chlorochromiques. (*Voir le Diagramme n° 3*).

La connaissance de ce potentiel permet de déterminer facilement le nombre des éléments dans chaque cas particulier.

COURANT NORMAL.

Le potentiel $e = 1,25$ est appelé le potentiel normal, le courant correspondant de l'élément considéré se nomme le *courant normal*. Sa connaissance suffit, dans la plupart des cas, pour *caractériser* la pile.

Un élément de pile chlorochromique sera donc défini, indépendamment de sa durée, par la valeur de son *courant normal*.

VARIATION DU COURANT NORMAL AVEC LA TEMPÉRATURE.

Le courant normal varie avec la température du liquide ; cette variation est assez rapide. Si on représente par i_0 l'intensité du courant normal dans un liquide à la température de $0°$ centigrades, et par i l'intensité du courant normal à la température t, on a sensiblement, pour le liquide *non atténué* :

$$i = i_0 (1 + 0,3\, t)$$

Pour les liquides atténués, la variation est un peu moins rapide.
Pour le liquide à 80 % d'atténuation, on a encore :

$$i = i_0 (1 + 0,2\, t$$

(ces chiffres ne sont pas susceptibles d'une très grande précision).

On voit que si l'on passe de $+ 10°$ à $+ 30°$, le courant passe de $1,2\, i_0$ à $1,6\, i_0$, et augmente par conséquent de $\frac{1}{3}$ de sa valeur primitive.

Il résulte de ce qui précède qu'un liquide, convenable à une certaine température, peut être trop énergique à une température plus élevée. Aussi convient-il de changer le degré d'atténuation quand on passe de l'été à l'hiver ou réciproquement.

C'est ainsi que, pour une certaine pile destinée à l'éclairage domestique, le liquide à 80 % excellent pour l'été doit être remplacé en hiver par du liquide à 50 % d'atténuation seulement.

PARTICULARITÉS DE LA DÉCHARGE : COUP DE FOUET. SYNCOPE.

On sait que les piles au bichromate de potasse se polarisent très rapidement et, qu'après un premier *coup de fouet* qui se produit au moment de la fermeture du circuit, le courant baisse énormément et ne se relève qu'avec une extrême lenteur.

Les piles chlorochromiques *non atténuées* ne présentent nullement ce phénomène ; dès qu'on a fermé le circuit, le courant prend immédiatement sa valeur de régime, et la conserve sans oscillation appréciable.

Les piles chlorochromiques *atténuées* tiennent, sous ce rapport, le milieu entre les piles au bichromate et les piles chlorochromiques non atténuées.

Avec le liquide à 80 % il se produit, dès la première minute, un *coup de fouet* suivi d'une *syncope*, et l'on pourrait être tenté de relever la pile pour la laisser reposer, ou, tout au moins d'interrompre le courant, comme on le fait pour les piles au bichromate. En réalité, il faut bien se garder d'opérer ainsi ; la syncope de la pile, qui tient en partie aux matières grasses dont le crayon de zinc est souillé, dure à peine une minute *et ne se reproduit plus*.

Le *Diagramme n° 11* donne la loi de la décharge de la pile A déjà citée, sur un groupe de 3 lampes Swann de 27 volts et de 1,25 à 1,30 ampères. Cette pile était chargée de liquide AB_{80}. Le volume total du liquide employé était de 6 litres 300. Le nombre des éléments était de 24, réunis en tension.

On voit que l'énergie par seconde, après avoir subi une syncope très marquée, croît d'abord régulièrement pendant un peu plus d'une heure et demie pour décroître ensuite lentement.

A partir de 2 h. 20 minutes, l'énergie est insuffisante pour alimenter convenablement les trois lampes. Elle tombe ensuite très rapidement.

VOLUME DE LIQUIDE ET POIDS DE PILE PAR CHEVAL-HEURE.

En limitant la durée utile de la décharge à 2 h. 20 minutes le nombre de joules recueillies s'est élevé à 1,250 000 environ soit à 347 watt-heures.

Le nombre de watt-heures, par litre de liquide s'est donc élevé dans cette expérience à $\frac{347}{6,30} = 55$.

On peut toujours compter avec sécurité sur 50 watt-heures par litre de liquide, quelque soit le degré d'atténuation. Un cheval-heure correspondant à 740 watt-heures, on voit que le nombre de litres de liquide capable de produire un cheval-heure est de 14,8 soit en nombre rond 15 litres.

Ce chiffre est un maximum.

En construisant avec soin les diverses parties de la pile, on arrive facilement à établir des appareils qui ne pèsent que 30 kilogr. environ par cheval et par heure (zincs compris). C'est dans ces conditions que se trouvait la pile du ballon *La France*.

Dans certains essais, et en forçant un peu la proportion d'acide chromique, on a même pu recueillir un cheval-heure pour 25 kilogrammes de poids total de pile.

PILE DU BALLON « LA FRANCE ».

La figure 12 représente le mode d'agencement d'un groupe de 12 vases de la pile du ballon *La France*.

Ce groupe se compose en réalité de deux éléments seulement, car les vases sont réunis en surface 6 par 6. Le poids total d'un groupe (bâti compris) était de 10 kilogr.

Le travail total emmagasiné dans le groupe était à peu près égal à 110 000 kilogrammètres avec le liquide riche dont nous venons de parler (soit $\frac{2}{5}$ de cheval-heure).

Les vases avaient $40^m/_m$ de diamètre, l'électrode d'argent platiné $32^m/_m$ et les zincs $6^m/_m,4$.

L'énergie disponible par seconde s'élevait au bout d'une demi-heure de marche à 22 kilogrammètres. Il fallait donc un peu plus de trois groupes pour obtenir un cheval électrique aux bornes. En réalité, en raison du rendement du moteur, il fallait 4 groupes soit 40 kilogr. pour obtenir une puissance de un cheval mesurée sur l'arbre.

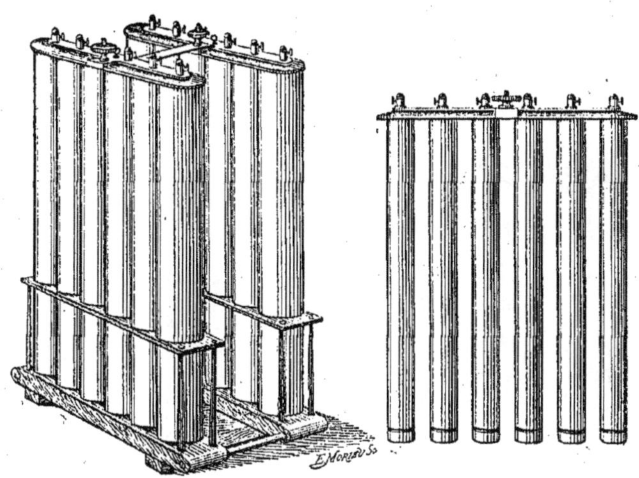

Fig. 12.

Le poids total de la pile pouvant être porté à 460 kilogr., on voit qu'on disposait d'une puissance totale de 10 chevaux.

Enfin, la durée peut être facilement calculée. La puissance totale était de 10 chevaux, et l'énergie totale était de 16 chevaux-heures. On voit que la pile pouvait la fournir pendant 1 heure et 6 dixièmes, soit 1 heure 36 minutes.

En réalité, la durée était un peu supérieure à ce chiffre; l'énergie de la pile allait en diminuant progressivement vers la fin de l'expérience.

De pareils résultats étaient, comme nous l'avons dit au début, impossibles à obtenir avec tout autre générateur d'électricité, et à l'heure où nous écrivons ces lignes, il n'en existe pas encore qui puisse donner une si grande puissance (travail par seconde) unie à une si grande *capacité* (énergie totale).

La figure 13 représente un groupe de 12 éléments plus petits (diamètre des vases : $30^m/_m$) employés pour la propulsion d'un petit modèle de ballon dirigeable.

Ici nous devons dire deux mots de l'influence du diamètre sur les propriétés de la pile. L'expérience a montré que pour des éléments géométriquement semblables, la puissance est proportionnelle à la surface du zinc. Il en résulte que l'unité de longueur d'un élément tubulaire dégage par seconde une quantité d'énergie proportionnelle à son diamètre. D'autre part, il est évident que la *capacité* ou énergie totale est proportionnelle au volume du liquide ou, si l'on veut, au carré du diamètre.

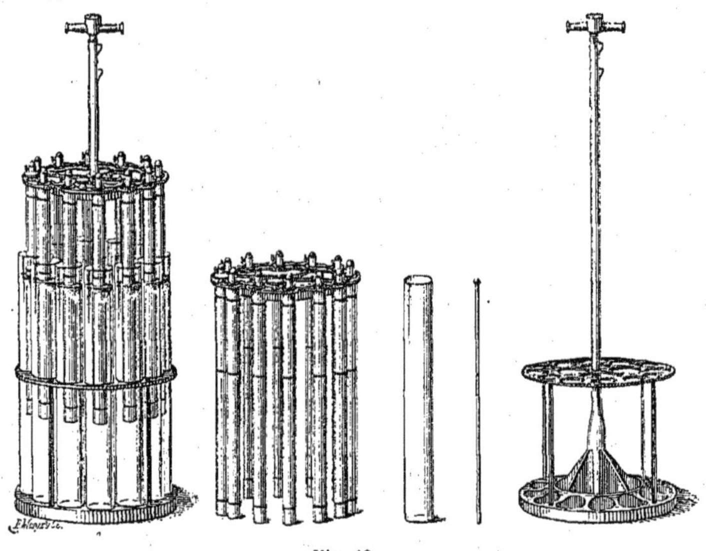

Fig. 13.

La durée de la pile, qui est le quotient de la capacité par la puissance, est donc proportionnelle *au diamètre de ses éléments*.

Si donc on veut avoir une pile d'une grande puissance par unité de poids et de faible durée, il faut recourir aux faibles diamètres.

La petite pile de 12 éléments pesait environ 25· kilogr. par cheval et 25 kilogr. par cheval-heure. Sa durée était par conséquent égale à une heure ce qui suffisait pour les expériences qu'on avait en vue.

Avec 5 groupes semblables à ceux de la figure 13 et pesant en tout 25 kil. on a pu développer sur l'arbre d'un petit moteur à rendement médiocre environ 65 kilogrammètres pendant une heure.

On peut, en réduisant encore le diamètre des éléments, construire des piles d'une puissance spécifique plus grande.

Nous avons ainsi construit un groupe de 36 éléments de $20^m/_m$ de diamètre pesant 5 kilogr. et développant jusqu'à un demi-cheval. La durée est alors de 20 à 25 minutes.

Le poids de cette pile miniature par cheval est, comme on le voit, réduit à 10 kilogr. et son poids par cheval-heure est de 25 à 30 kilogr. comme dans les piles précédentes. De semblables appareils qui paraissent, en raison de leur faible durée, être plutôt un jouet scientifique qu'un engin vraiment utile, peuvent cependant permettre l'exécution de certains essais impossibles à réaliser autrement. Ils peuvent être appliqués avec fruit aux expériences d'aviation.

AFFAIBLISSEMENT APPARENT DE LA PILE PENDANT LES REPOS.

Si l'on décharge la pile en plusieurs fois, il se produit, au début de chaque nouvelle période, un phénomène sur lequel nous devons appeler l'attention.

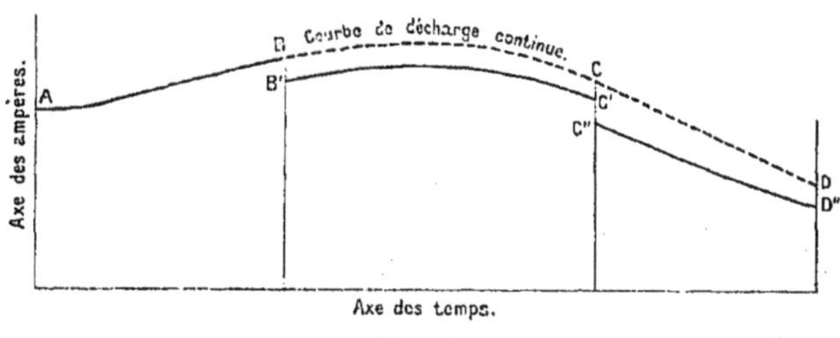

Fig. 14.

On pourrait croire, en effet, que l'ensemble des portions de courbe de décharge obtenues à chaque période doit donner une courbe identique à celle qu'on aurait eue en déchargeant la pile en une seule fois.

En réalité il n'en est rien, et chaque interruption un peu durable semble produire un affaiblissement de la pile, ce qui pourrait faire croire que le liquide se détruit spontanément hors du contact du zinc.

La véritable cause du phénomène est la suivante :

Pendant chaque période de décharge la pile s'échauffe, et la courbe de décharge est relevée par cet échauffement. Pendant les repos elle se refroidit, et le courant initial de la deuxième période se trouve, par ce fait, inférieur au courant final de la première période.

On obtient ainsi, dans le cas de la décharge intermittente, une courbe analogue à celle de la figure 14.

La décharge s'est faite en trois fois. — Le tracé continu ABCD, a été ainsi transformé en un tracé à escaliers AB, B'C', C"D".

Ce phénomène sera d'autant plus accusé que les interruptions auront été plus longues.

On en déduit que : la somme *des durées d'activité efficace* d'une pile déchargée d'une manière intermittente, avec de longs repos, est inférieure à la durée totale de la même pile déchargée d'un seul coup.

Cette infériorité peut atteindre 10 à 15 % de la durée totale. Nous avons cru utile de mentionner ce phénomène et d'en indiquer la véritable cause.

RÉSUMÉ

Nous craindrions de fatiguer le lecteur en nous étendant plus longuement sur les propriétés des piles chlorochromiques. Ce que nous avons dit suffit pour montrer qu'elles constituent un générateur d'électricité d'une puissance très supérieure à tout ce qui a pu être réalisé jusqu'ici.

C'est cette supériorité qui a permis d'appliquer avec fruit un dispositif électrique aux expériences de navigation aérienne exécutées en 1884 et 1885 avec le ballon *La France*. Dans l'état actuel des prix des matières premières, la pile chlorochromique ou sulfochlorochromique est une pile chère dont la substitution aux générateurs mécaniques d'électricité est évidemment impossible dans la plupart des cas.

Elle peut toutefois trouver son application partout où la légèreté est de rigueur et notamment dans tous les problèmes se rapportant à la locomotion en général et à la locomotion aérienne en particulier.

L'agencement pneumatique qui en rend l'usage si simple permet d'en étendre l'emploi aux véhicules roulants et aux embarcations de petite dimension qui doivent fournir un petit parcours avec une vitesse aussi grande que possible. Enfin la pile chlorochromique permet de réaliser au laboratoire des essais que l'on ne pouvait effectuer auparavant qu'au moyen des piles de Bunsen dont l'emploi est si incommode et si désagréable.

En ce qui concerne la navigation aérienne, nous avons dit dès le début que l'électricité, même sous la forme que nous venons de décrire, ne pouvait conduire à la solution complète du problème.

Nous avons vu, en effet, que le poids de matières, si réduit qu'il soit dans nos piles, s'élève encore à 25 kilogr. par cheval et par heure.

Comme la dépense de travail pour un ballon du type de *La France* devrait s'élever à 40 chevaux environ pour obtenir la vitesse de 10 mètres par seconde que nous considérons comme un minimum nécessaire, on voit que pour marcher une heure seulement, il faudrait emporter 1000 kilog. de piles; cela ne serait pas absolument impossible en allégeant certaines parties de la construction, mais qu'est-ce qu'une navigation d'une heure au point de vue pratique? à peu près rien.

Nous estimons, en effet, que le ballon dirigeable ne sera réellement utilisable qu'autant qu'il pourra sillonner l'atmosphère pendant dix heures sans reprendre haleine.

On voit donc que malgré nos efforts, nous sommes restés bien loin du but et que c'est dans une toute autre voie qu'il convient de chercher la solution définitive.

C'est pourquoi la communication que nous venons de faire ne pouvait, comme nous l'avons dit au début, présenter aucun inconvénient.

Malgré tout, la pile chlorochromique aura rendu à la navigation aérienne un grand service, puisqu'elle a permis d'exécuter pour la première fois en l'air des mesures précises sur la résistance des carènes aériennes, et, qu'à un autre point de vue, elle a victorieusement démontré au public éclairé que la recherche du problème de la direction des ballons n'était pas une utopie.

TABLE DES MATIÈRES

Pages.

INTRODUCTION 5

CHAPITRE PREMIER

GÉNÉRALITÉS SUR LES PILES CHLOROCHROMIQUES

Description sommaire. Propriétés. 7
Grande activité spécifique 8
Liquides atténués 8
Préparation des liquides. 8
Forme ordinaire de l'approvisionnement de liquide dépolarisant. . . 9
Liquide donnant le maximum d'énergie totale. 12

CHAPITRE II

DESCRIPTION DES ORGANES COMMUNS A TOUTES
LES PILES CHLOROCHROMIQUES

Des vases et de leur mode de chargement. 14
Électrodes positives 16
Pourquoi l'on a adopté l'argent platiné et non le charbon. 16
Disposition adoptée pour assurer la libre circulation du liquide. . . 18
Guidage du zinc 18
Pièces polaires positives 18
Des zincs 19
Mode de fixation du zinc. 21
Suppression de l'amalgamation. 22

CHAPITRE III

PROPRIÉTÉS ÉLECTRIQUES DES PILES CHLOROCHROMIQUES

Caractéristique d'un élément de pile chlorochromique 24
Détermination de la caractéristique 26
Altération de la caractéristique pendant la décharge. 26
Potentiel de décharge correspondant au maximum de rendement. . . 27
Usure chimique, usure électrique. 27
Potentiel normal de décharge 28
Courant normal. 28
Variation du courant normal avec la température. 28
Particularités de la décharge : Coup de fouet. Syncope. 28
Volume de liquide et poids de pile par cheval-heure. 29
Pile du ballon *La France*. 29
Influence du diamètre des vases sur les propriétés de la pile. . . . 31
Affaiblissement apparent de la pile pendant les repos. 32

RÉSUMÉ 34

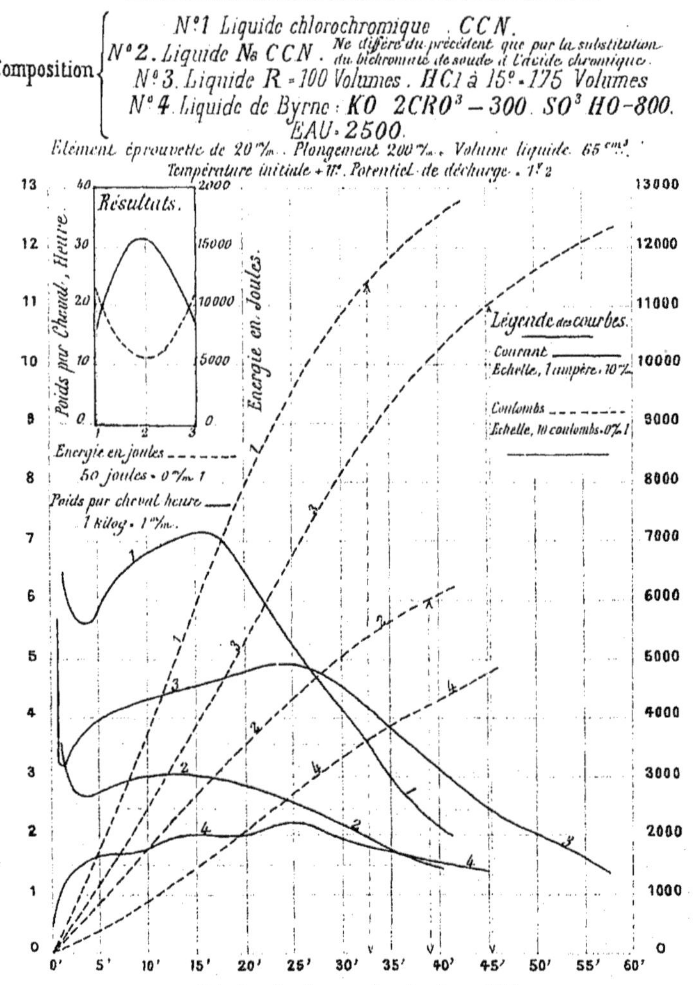

Diagramme N°1.
ENERGIE DES PILES CHLOROCHROMIQUES.
Comparaison entre les liquides chlorochromiques & divers autres liquides.
Composition
N°1 Liquide chlorochromique . CCN.
N°2. Liquide Na CCN . Ne diffère du précédent que par la substitution du bichromate de soude à l'acide chromique.
N°3. Liquide R = 100 Volumes . HCl à 15° = 175 Volumes
N°4. Liquide de Byrne : KO 2CRO³ − 300. SO³ HO − 800. EAU = 2500.
Élément éprouvette de 20 %. Plongement 200 %. Volume liquide. 65 cm³.
Température initiale + 11°. Potentiel de décharge . 1'2
Résultats.
Poids par Cheval, Heure.
Energie en Joules.
Energie en joules
50 joules = 0 %. 1
Poids par cheval heure
1 kilog = 1 %.
Légende des courbes.
Courant
Echelle, 1 ampère = 10 %.
Coulombs
Echelle, 10 coulombs = 0 %. 1
Echelle des temps, 5 minutes = 8 %.

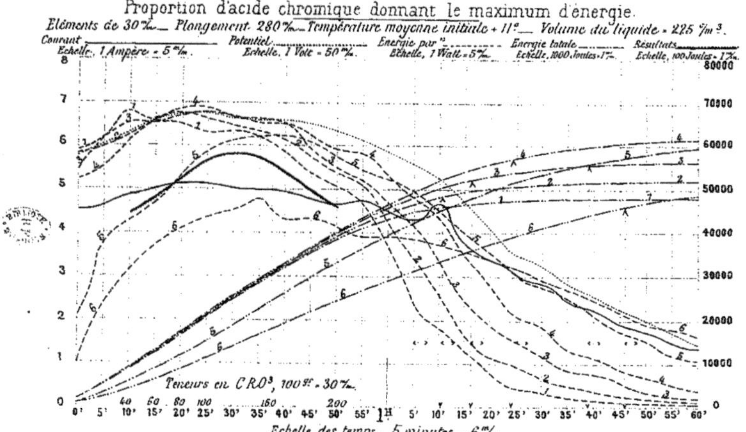

Diagramme N.º 2.
PILES CHLOROCHROMIQUES.
Proportion d'acide chromique donnant le maximum d'énergie.
Eléments de 30‰ — Plongement. 280‰ — Température moyenne initiale + 11° — Volume du liquide - 225 ‰³.
Courant
Echelle. 1 Ampère = 5‰.
Potentiel
Echelle. 1 Volt = 50‰.
Energie par "
Echelle, 1 Watt = 5‰.
Energie totale
Echelle. 1000 Joules. 1‰.
Résultats
Echelle. 100 Joules = 1‰.
Teneurs en CRO^3, 100ᵍ = 30‰.
Echelle des temps, 5 minutes = 6 ᵐ/ₘ.

Diagramme N.º 3.

PILES CHLOROCHROMIQUES.

Influence du potentiel de décharge.

Éléments éprouvette de 20 %. Diamètre du zinc 0.0032. Liquide CCN.
Volume des liquides - 65 %. Température initiale + 11°. Plongement 200 %.

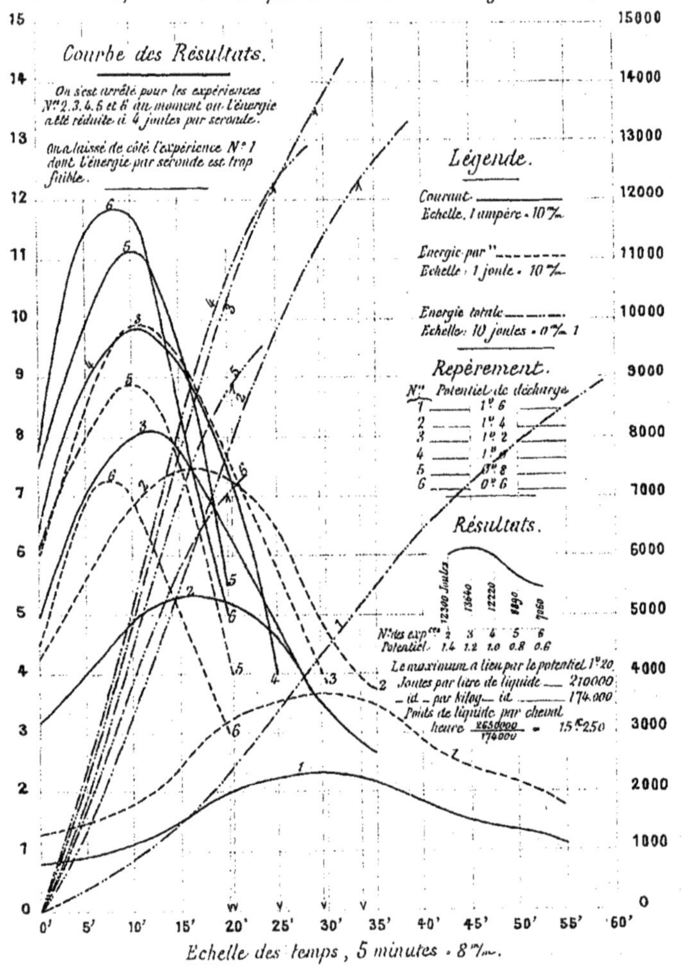

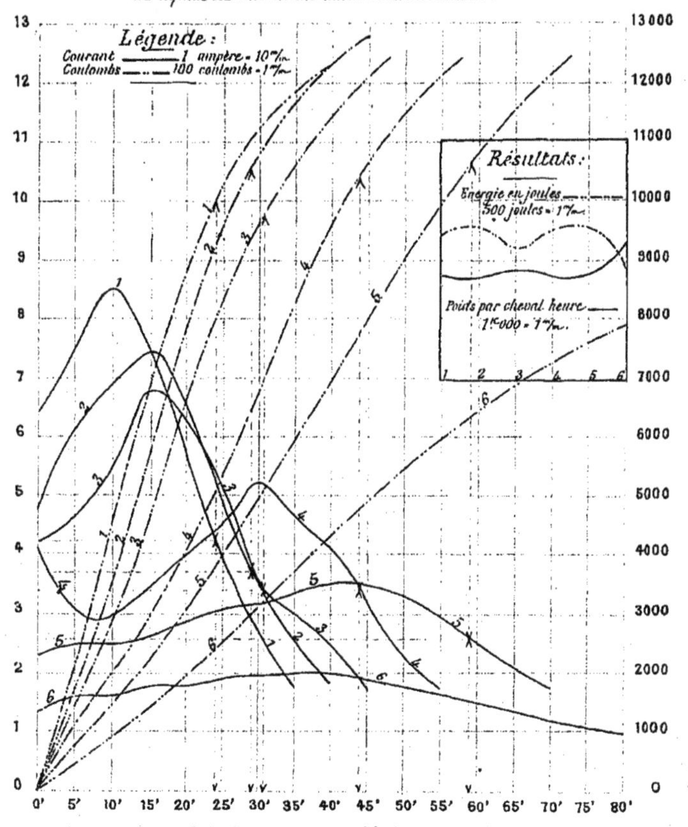

Diagramme N° 4.

PILES CHLOROCHROMIQUES

Atténuation — Emploi des oxacides.
Acide sulfurique.

Eprouvette de 20 m/m. Plongement 200 m/m. Température initiale + 11°. Potentiel de
décharge 1 m 20. Volume du liquide 65 %.
Les liquides sont formés en Un même liquide A contenant 530 m³ CRO par litre.   Chlorhydrique
mélangeant à volumes égaux Des liquides B renfermant 9 équivalents d'acide par litre et sulfurique mélangés
La désignation B20 par exemple indique que le liquide B renferme les 2 acides dans les proportions
de 20 équivalents d'acide chlorhydrique et 80 équivalents d'acide sulfurique. Le liquide placé dans
l'élément est dans ce cas désigné par le symbole AB20. Le liquide AB0 est identique au liquide CCN.
Le liquide AB0 ne donne aucun courant stable.

Légende :
Courant ———— 1 ampère = 10 m/m
Coulombs ——— 100 coulombs = 1 m/m

Résultats :
Energie en joules ————
500 joules = 1 m/m
Poids par cheval heure ————
1 k 000 = 1 m/m

Echelle des temps, 5 minutes = 6 m/m.

Diagramme N.º 5.

PILES CHLOROCHROMIQUES.

Atténuation _ Emploi des sels neutres.

Sulfate de soude.

Elément éprouvette de 20 ‰. Plongement 200 ‰. Température
initiale + 11.°. Potentiel de décharge 1ᵛᵗ20. Volume du liquide 65 ᶜᵐ³.

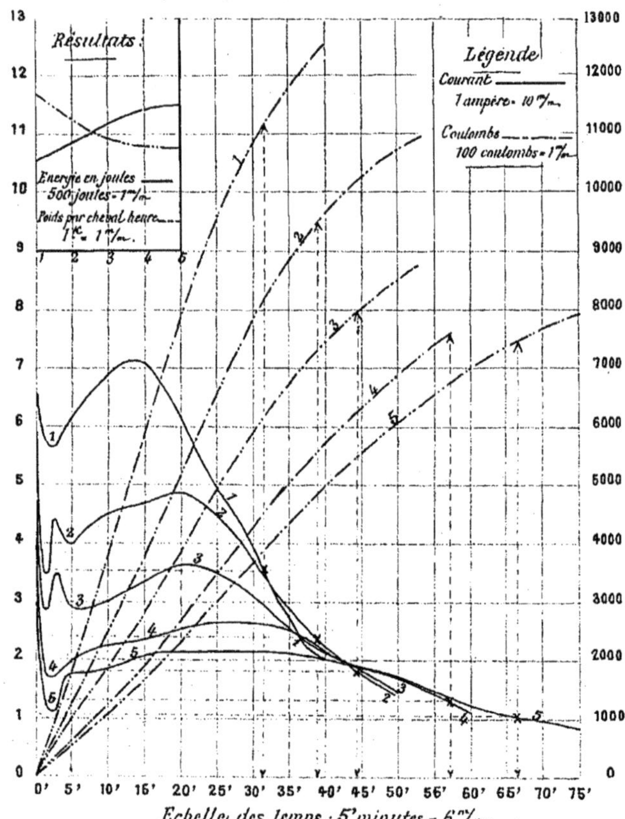

Diagramme N° 6.

PILES CHLOROCHROMIQUES.

Inutilité de l'amalgamation dans les liquides riches en acide chromique
Mesure de l'attaque du zinc amalgamé et du zinc nu dans les liquides chlorochromiques.

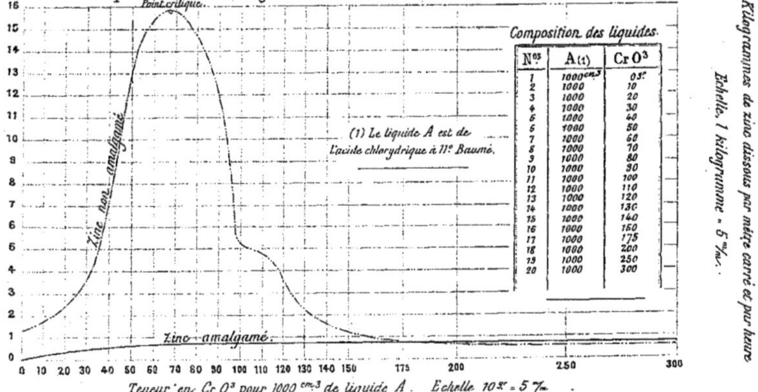

Composition des liquides.

N°ˢ	A (1)	Cr O³
1	1000 cm.3	0 gr.
2	1000	10
3	1000	20
4	1000	30
5	1000	40
6	1000	50
7	1000	60
8	1000	70
9	1000	80
10	1000	90
11	1000	100
12	1000	110
13	1000	120
14	1000	130
15	1000	140
16	1000	150
17	1000	175
18	1000	200
19	1000	250
20	1000	300

(1) Ces liquides riches sont les seuls qui soient employés dans les piles faisant l'objet de cette étude.

Diagramme N.º 7.

PILES SULFOCHROMIQUES.

Inutilité de l'amalgamation dans les liquides riches en acide chromique.
Mesure de l'attaque du zinc amalgamé et du zinc nu dans les liquides sulfochromiques

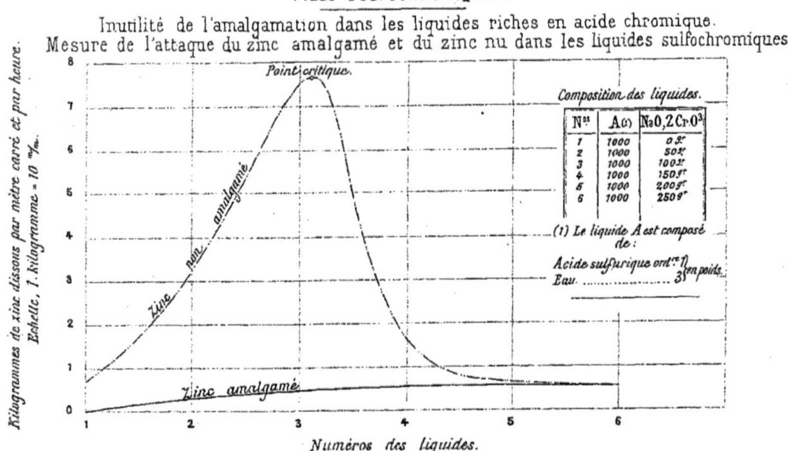

N.os	A(1)	NaO,2 Cr.O³
1	1000	0 gr.
2	1000	50 gr.
3	1000	100 gr.
4	1000	150 gr.
5	1000	200 gr.
6	1000	250 gr.

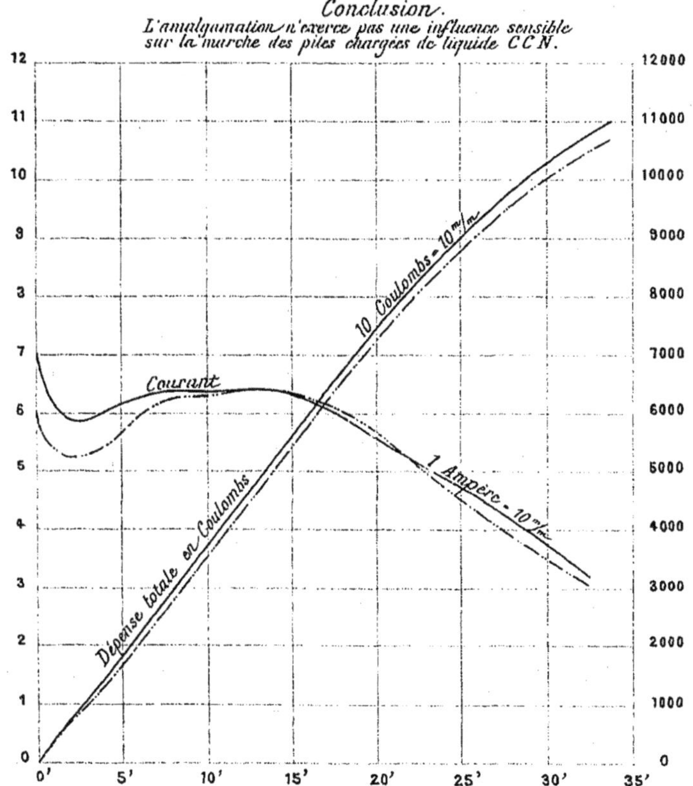

Diagramme N? 8.
PILES CHLOROCHROMIQUES.
Inutilité de l'amalgamation dans les liquides riches en acide chromique.
Eprouvette de 20 %m. Liquide CCN. Volume 65%. Température initiale + 11°. Potentiel de décharge 1,2
Décharge de 2 éléments.
Avec zinc amalgamé
Avec zinc non amalgamé
Conclusion.
L'amalgamation n'exerce pas une influence sensible sur la marche des piles chargées de liquide CCN.
12
11
10
9
8
7
6
5
4
3
2
1
0
12000
11000
10000
9000
8000
7000
6000
5000
4000
3000
2000
1000
0
0'   5'   10'   15'   20'   25'   30'   35'
10 Coulombs = 10 m/m
Courant
1 Ampère = 10 m/m
Dépense totale en Coulombs
Echelle des temps, 5'minutes = 14 m/m.

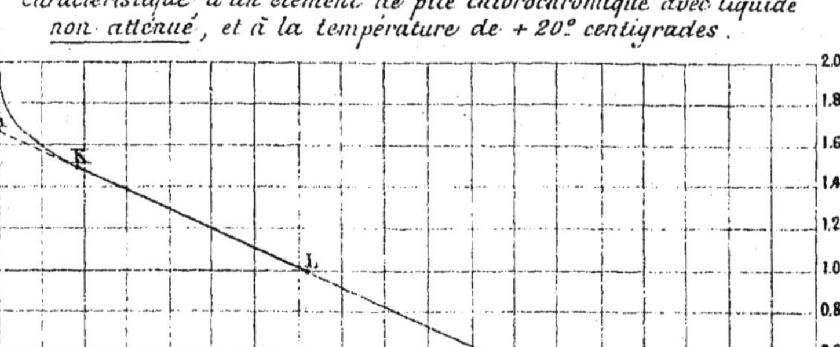

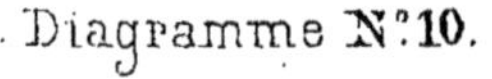

Diagramme N.º10.

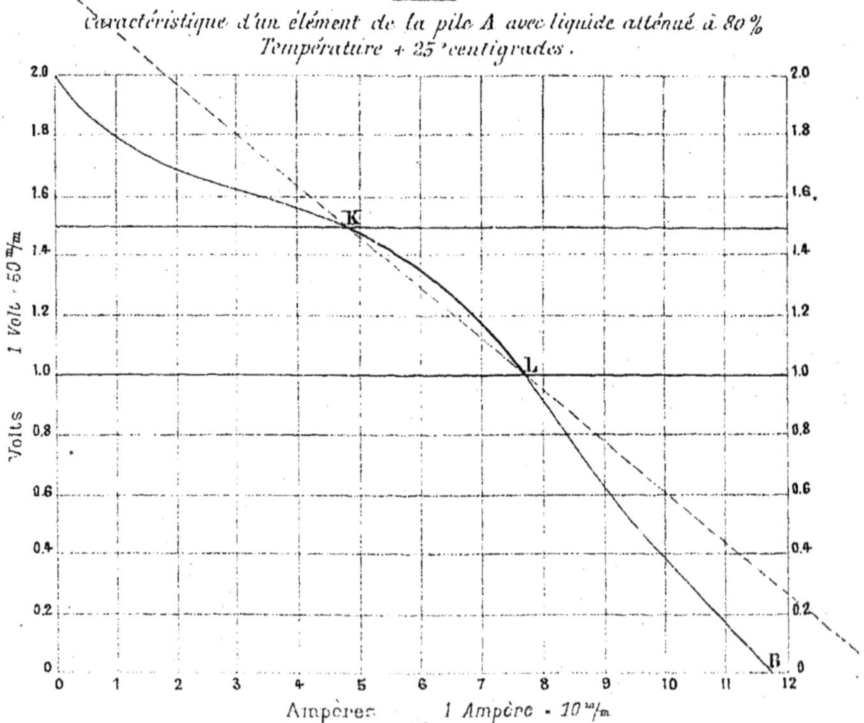

PILES CHLOROCHROMIQUES.
Diagramme N°.11
Essai de la pile A.
24 Éléments en tension
La pile est déchargée sur 3 lampes Swann de 27 Volts, montées en surface.
Ces lampes ont pour constantes correspondant à une bonne marche.
Ampères = 1.25 à 1.30
Volts = 27
Décharge pendant les 3 premières minutes (abscisses décuplées)
Désignation des courbes
Courant
Potentiel
Travail
Intensité lumineuse
Echelle des ordonnées
1 Ampère ______ 10 millimètres
1 Volt ______ 1 d°
2 Watts ______ 1 d°
1 Bougie ______ 1 d°
Les échelles des ordonnées sont les mêmes pour les deux figures. 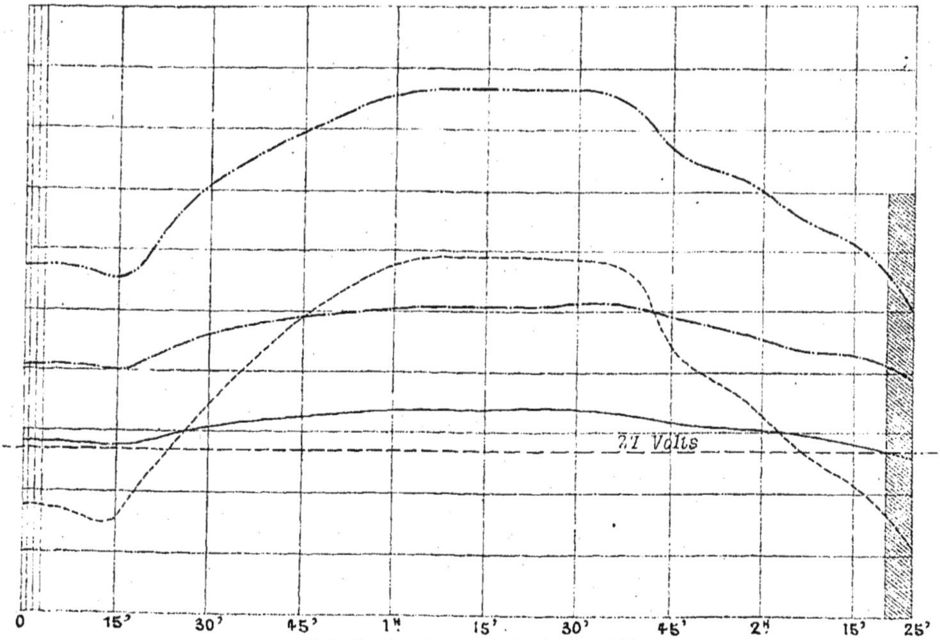
1 minute = 10 m/m
0   1'   2'   3'
21 Volts
0   15'   30'   45'   1ʰ   15'   30'   45'   2ʰ   15'   25'
Echelle des temps. 1 minute = 1 m/m

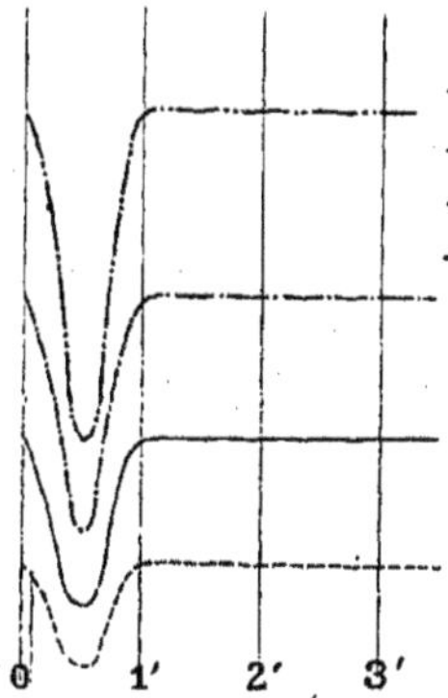

www.ingramcontent.com/pod-product-compliance
Ingram Content Group UK Ltd.
Pitfield, Milton Keynes, MK11 3LW, UK
UKHW021010120726
13693UKWH00004B/1901